Bibliografische Information der Deutschen Nationalbibliothek:

Die Deutsche Bibliothek verzeichnet diese Publikation in der Deutschen Nationalbibliografie; detaillierte bibliografische Daten sind im Internet über http://dnb.d-nb.de/ abrufbar.

Impressum:

Druck und Bindung: Books on Demand GmbH, Norderstedt Germany
ISBN: 9783668559028

Dieses Buch bei GRIN:

Mario Reich

Bodenbelagsarbeiten mit Fliesen und Platten im Außenbereich. Berufswissenschaftliche Analysen

GRIN Verlag

UNIVERSITÄT HAMBURG

TECHNISCHE UNIVERSITÄT HAMBURG - HARBURG

INSTITUT FÜR ANGEWANDTE BAUTECHNIK

BACHELORARBEIT IM STUDIENGANG LEHRAMT FÜR BERUFLICHE SCHULEN

EINGEREICHT IM FACHBEREICH BAUTECHNIK

Berufswissenschaftliche Analysen zu Bodenbelagsarbeiten mit Fliesen und Platten im Außenbereich

Eingereicht von Mario Reich

Abgabedatum: 11.10.2016

Inhaltsverzeichnis

Abkürzungsverzeichnis

abP	allgemeines bauaufsichtliches Prüfzeugnis
ATV	Allgemein Technische Vertragsbedingungen
BEB	Bundesverband Estrich und Belag e.V.
CE	gleichbedeutend Europäische Gemeinschaft
DIBt	Deutsches Institut für Bautechnik
DIN	Deutsches Institut für Normung
ECB	Ethylencopolymerisat-Bitumen
EN	Europäische Norm
ETA	Europäisch technische Zulassung
ISO	Internationale Organisation für Normung
PE	Polyethylen
PIB	Polyisobutylen
PVC	Polyvinylchlorid
VOB	Vergabe- und Vertragsordnung für Bauleistungen
WDVS	Wärmedämmverbundsystem
ZDB	Zentralverband Deutsches Baugewerbe

Abbildungsverzeichnis

1 Einleitung

Das Thema dieser Bachelorarbeit lautet „Berufswissenschaftliche Analysen zu Bodenbelagsarbeiten mit Fliesen und Platten im Außenbereich“. Nachdem ich bereits über typische Ausführungsfehler im Berufsfeld des Fliesen-, Platten- und Mosaiklegers, bezogen auf die Feuchtigkeitsbeanspruchungsklasse A0, berichtet habe[1], wende ich mich nun der Analyse der Feuchtigkeitsbeanspruchungsklasse B0[2] sowie dem Sonderfall Dachterrasse zu. Aus berufswissenschaftlichen Interessen, sollen folgende Fragen als Grundlage und Leitfaden dieser Ausarbeitung beantwortet werden:

„Was ist aktueller Stand der Konstruktionslehre?“

„Über welche Kompetenzen muss der Facharbeiter verfügen?“

„Gibt es häufig, sich wiederholende Bauschäden an Balkonen und Terrassen?“

„Wenn ja, worauf sind diese zurückzuführen?“ und

„Gibt es aktuelle Lösungsvorschläge oder konstruktive Alternativen für diese Problematik?“

Ziel dieser Arbeit soll sein, einen Einblick über den aktuellen Technikstandard und die handwerklichen Kompetenzen zu geben, sowie typische Bauschadensursachen und dementsprechend *optimale* und möglichst *schadensunanfällige* Ausführungen von Bodenbelagsarbeiten auf Balkonen/Loggien, Terrassen und Dachterrassen zu erläutern. Um das oben genannte Ziel zu erreichen, werden folgend die Zusammenhänge von Berufspraxis, Berufstheorie und Facharbeit, aus ingenieurswissenschaftlicher Sicht sowie der Betrachtung einschlägiger Fachliteratur, bzw. aktuellen Lehrbüchern und aus der Perspektive des Fachmannes, also des Fliesen-, Platten- und Mosaiklegers, erkundet und analysiert. Anhand dieser Zusammenhänge und der dieser schriftlichen Arbeit zu Grunde liegende Fragestellung, soll gezeigt werden, dass bei Bodenbelagsarbeiten im Außenbereich

---

[1] Hausarbeit „Bauschäden aufgrund von Ausführungsfehlern –Typische Ausführungsfehler im Berufsfeld des Fliesen-, Platten und Mosaiklegers“, eingereicht am Institut für angewandte Bautechnik am 17.12.2015.

[2] Mäßige Beanspruchung durch nicht drückendes Wasser im Außenbereich; Balkone und Terrassen (nicht über genutzten Räumen).

bestimmte Ausführungsdetails elementar wichtig sind. Die Nichtbeachtung bzw. die falsche Ausführung dieser Details, sind für die Mehrzahl der dokumentierten Bauschäden in Bezug auf Fliesen und Platten im Außenbereich ausschlaggebend. In Bezug darauf ist ein weiteres, mögliches Teilziel dieser Arbeit zu benennen: Die Beachtung des Stellenwertes von Bauschäden in Verbindung mit der Anwendung von Erkenntnissen und Erfahrungen hinsichtlich einer gewissenhaften Ausführung von Normen, Richtlinien und Planungsdetails. Denn diese sollen nach den aktuellen, anerkannten Regeln der Technik und den Handlungskompetenzen des Facharbeiters geschehen.

Zu Beginn folgt ein Einblick über den aktuellen Forschungsstand und die Grundlage in puncto Vorgehensweise dieser Analyse. Das anschließende Kapitel widmet sich den berufswissenschaftlichen Aspekten, also den konstruktiven Aufbauten von Balkonen und Terrassen sowie der Baustoffkunde bzgl. Materialien des Fliesenlegerhandwerks. Im Anschluss befasst sich diese schriftliche Ausarbeitung mit Beispielen aus der Praxis und zeigt die notwendigen Arbeitsschritte von der Untergrundvorbereitung bis zur Instandhaltung und Pflege. Den Abschluss bildet das Resümee.

2 Aktueller Forschungstand und Grundlagen der Analyse

Um die in der Einleitung gestellten Fragen zu beantworten sind im Rahmen dieser Ausarbeitung zahlreiche Berichte auf der Datenbank SCHADIS® des Fraunhofer-Informationszentrums Raum und Bau[3] sowie fachliterarische Werke gesichtet worden. Auffallend ist, dass sich trotz der langjährigen Nutzung von Fliesen und Platten im Außenbereich die Forschung besonders die Schadensursachenforschung hierzu recht überschaubar hält. Es gibt zwar eine Reihe von Veröffentlichungen, aber bei genauerem Betrachten haben die Werke von 1975 bis 2016 vieles gemein. Dass die Beurteilung von Bauschäden ein außerordentliches Potential an Erkenntnissen

[3] SCHADIS® ist die Schadensdatenbank des Fraunhofer IRB – Deutschlands zentrale Einrichtung für den nationalen und internationalen Transfer von Baufachwissen. Es erschließt technisches, planungs- und wirtschaftsbezogenes Fachwissen aus Forschung und Praxis der Fachgebiete Bauingenieurwesen, Architektur, Bauplanung, Baurecht und –wirtschaft, Städtebau, Wohnungswesen und Raumordnung sowie Denkmalpflege. Online unter: https://www.irb.fraunhofer.de/

und Erfahrungen darstellen, war bereits in den siebziger Jahren bekannt (vgl. Schild / Oswald / Rogier, 1975, S. 9). Schon damals verwies man auf die Notwenigkeit der Fehlervermeidung im Bauwesen und auf Maßnahmen, die diese Fehler in Zukunft unterbinden könnten. Das war vor vierzig Jahren. Im Vergleich mit dem technischen Fortschritt sowie der Möglichkeit des Informationsaustausches und der Informationsbeschaffung darf behauptet werden, dass die Nutzung der Erkenntnisse und Erfahrungen begutachteter und beurteilter Bauschäden, einen erschreckend langsamen Prozess darstellt. Diese Aussage wird durch den Vergleich aktueller Bauschadensberichte verstärkt. [4]In den 1980er – und 90er Jahren veröffentlichte die Bundesregierung insgesamt drei Bauschadensberichte. Im Bericht von 1996 schätzte die Bundesregierung, die durch Fehler bei der Planung, Ausführung und Materialherstellung verursachten vermeidbaren Schadenskosten bei Hochbauleistungen auf ca. 3,4 Mrd. DM (vgl. Deutscher Bundestag, 1996, S. I - III.). Dies entspricht, nach der Umrechnung in Euro und der Angleichung des Baupreisindexes ca. 2,1 Mrd. Euro. Obwohl die Bundesregierung diesen Bericht veröffentlichte und obgleich die Fehlerquellen mehr oder weniger genau zu benennen waren, hat sich die Situation auf Baustellen wenig geändert. Man kann sogar behaupten, dass der Trend eher negativ zu betrachten ist. Zum Beispiel hat die durchschnittliche Anzahl festgestellter Mängel von 2003 bis 2007 um 102% zugenommen. Davon wurden knapp 56% der Mängel bereits vor der Schlussbegehung festgestellt[5]. 37% der Mängel sind dem bautechnischen Ausbau zuzuschreiben (vgl. DEKRA, 2008, S. 5f.). Die Beseitigung dieser Mängel kostet im Schnitt 10.000 Euro. Rechnet man die durchschnittlichen Mangelbeseitigungskosten auf die Gesamtzahl der Immobilien auf, so sind es 1,4 Mrd. Euro die jährlich verausgabt werden. Und dies bezieht sich ausschließlich auf den Wohnungsbau. Unter Berücksichtigung aller Hochbauten vergrößert sich das Volumen auf 2,8 Mrd. Euro (vgl. DEKRA, S. 31f.). Das sind 0,7 Mrd. Euro mehr als 1996!

8% dieser Summe entfallen auf Estrich- und Abdichtungsarbeiten[6] im gesamten Hochbau. Dies entspricht 224 Mio. Euro. Da den Bereichen Balkone und Terrassen

---

[4] Vgl. DEKRA Bericht von 2003 bis 2008 und Bauschadensbericht der Bundesregierung, 1996.

[5] Wesentlich bei neu zu erstellenden Wohnimmobilien.

[6] Jeweils 4 % (vgl. DEKRA, S. 20f.)

ein wichtiger Bereich im Wohnungsbau zugesprochen werden kann, ist davon auszugehen, dass ein beträchtlicher Anteil dieser Kosten, bei sorgfältiger Planung, Ausführung und Instandhaltung eingespart werden könnte. Vor allem würde man auch Arbeitszeit sparen, und könnte diese anderen Projekten zuordnen. Wenn man bedenkt, dass sich die Zahlen eher verschlechtert haben und bereits 1995, jährlich ca. 5% aller im Bundesgebiet vorhandenen Balkon- und Terrassenflächen[7] saniert wurden, dann ist dies beachtlich (vgl. Grunau, 1995, S. 98). Der Beantwortung von *„Was ist aktueller Stand der Konstruktionslehre?“*, *„Über welche Kompetenzen muss der Facharbeiter verfügen?“*, *„Gibt es häufig, sich wiederholende Bauschäden an Balkonen und Terrassen*?“ und *„Wenn ja, worauf sind diese zurückzuführen?“*, fällt aufgrund der vorliegenden Bauschadensberichte deshalb eine besondere Bedeutsamkeit zu. Es soll sich zeigen, dass es eine Sensibilisierung bezüglich des Verständnisses gegenüber berufswissenschaftlichen Erfahrungen und Erkenntnissen geben muss. Um dorthin zu gelangen, ist es notwendig, dass eine ausgewählte Dokumentation über Bauschäden aufgezeigt und analysiert wird und ferner die ingenieurswissenschaftliche Sichtweise und die arbeitswissenschaftliche Perspektive dargestellt werden. Im Folgenden wird zunächst auf die wissenschaftliche Theorie eingegangen: *„Welche Vorschriften liegen bei der Ausführung von Fliesen und Platten vor?“*, *„Was sagt das technische Regelwerk über die Konstruktionen aus?“* und *„Welche Materialen darf der Facharbeiter nutzen?“*. Durch die Beantwortung dieser Fragen, werden folgend Bauschäden als exemplarische Beispiele dienen. Denn die Erfahrungen und Erkenntnisse, welche sich aus dem Schadensbild, der Schadensursache und der Schadensvermeidung von Balkonen und Terrassen ergeben, sind aus arbeitswissenschaftlicher Sicht elementar wichtig.

[7] Das entspricht ca. 8 – 10 Mio. Quadratmeter.

3 Berufswissenschaftliche Aspekte

Balkone und Terrassen stellen wichtige Bereiche von Wohnungen dar. In der heutigen Zeit, vor allem im urbanen Raum genießen Balkone einen hohen Stellenwert und dienen oft als Gartenersatz (vgl. Kabrede, 2000, S. 1). Wenn sie hinsichtlich der Himmelsrichtung und des Wetterschutzes fachgerecht geplant und bemessen sind, erhöhen sie den Wohnwert deutlich (vgl. Neumann / Weinbrenner / Hestermann / Rongen, 2006, S. 346). Zu bedenken ist, dass sie als Außenbauteile hohen Beanspruchungen ausgesetzt sind. „Leider werden sie häufig als „Anhängsel" der Hauptwerke mit relativ anspruchslosem Aufwand konstruiert und ausgeführt. Die Folge ist eine hohe Anzahl sanierungsbedürftiger Balkon und Terrassenflächen" (Präkelt / Präkelt / Leustenring, 2001, S. 5).

3.1 Anforderungen an Balkone und Terrassen

Auf Grund ihrer Lage im Freien sind Balkone und Terrassen sehr hohen Beanspruchungen ausgesetzt. Nachfolgend werden die fünf wesentlichen Einwirkungen vorgestellt (vgl. Borgmeier / Braunreiter 2011, S. 352f.):

- **Niederschlag:** Die Bodenbeläge aus Fliesen und Platten sind dem Regenwasser ungehindert ausgesetzt. Das Niederschlagswasser muss unverzüglich und vollständig abgeführt werden, um so eine lange Lebensdauer zu gewährleisten.

- **Temperaturunterschiede:** Im Sommer herrschen auf Bodenbelägen von Balkonen und Terrassen Temperaturen von bis zu 80°C. Bis zu maximal 100 Grad Kelvin beträgt der Temperaturunterschied zwischen Sommer und Winter. Plötzliche Unterschiede sind ebenfalls keine Seltenheit; man bedenke zum Beispiel den Temperaturabfall bei einem Gewitter mit Hagel. Die Konstruktion muss diesen Temperaturunterschieden Stand halten.

- **Frost:** Die mehrfachen Frost-Tau-Wechsel innerhalb einer Winterperiode stellen hohe Herausforderungen für die gesamte Konstruktion dar.

- **Längenänderungen durch Ausdehnung und Schwinden:** Die verschiedensten, verarbeiteten Materialien und Schichten verfügen über unterschiedliche Merkmale hinsichtlich ihrer Ausdehnung bei Erwärmung und ihres Schwindens bei Abkühlung. Diese stoffspezifischen Eigenschaften müssen von der Belagskonstruktion schadensfrei aufgenommen werden.

- **Auftretende Schub- und Scherspannungen:** Aufgrund der Wärmeausdehnungskoeffizienten zwischen zwei Schichten, besonders bei Flächen im Freien, muss dies bei der Planung und Ausführung der Konstruktionen bedacht werden.

3.2 Vorschriften & Richtlinien

Die fachgerechte Ausführung und die Einhaltung von Normen, Vorschriften und anerkannte Regeln der Technik ist Grundlage für schadenfreies Bauen. Da das übliche Durch- und Nebeneinander von Normen und sonstigen Regelwerken unübersichtlich ist (vgl. Ansorge, 2011, S. 60f.), sollen hier nur die wichtigsten Normen für die Ausführung von Bodenbelägen mit Fliesen und Platten im Außenbereich vorgestellte werden:

- ATV DIN 18336: Abdichtungsarbeiten.

- ATV DIN 18338: Dachdeckungs- und Dachabdichtungsarbeiten.

- BEB-Hinweisblatt: *„Hinweise zum Einsatz alternativen Abdichtungen unter Estrichen“*.

- DIN 18195: Bauwerksabdichtungen, besonders Teil 5: Abdichtungen gegen nicht drückendes Waser auf Deckenflächen und in Nassräumen, Bemessung und Ausführung sowie Teil 9: Durchdringungen, Übergänge, An- und Abschlüsse.

- DIN 18352: VOB – Teil C: Allgemeine Technische Vertragsbedingungen für Bauleistungen (ATV) – Fliesen und Plattenarbeiten.

- DIN 18560: Estrich im Bauwesen, Teil 1: Allgemeine Anforderungen, Prüfungen und Ausführungen sowie Teil 4: Estriche auf Trennschicht.
- DIN EN 12808: Klebstoffe und Fugenmörtel für Fliesen und Platten.
- DIN EN ISO 10545: Keramische Fliesen und Platten.
- DIN EN ISO 11600: Fugendichtstoffe. Einteilung und Anforderungen von Dichtungsmassen.
- ETAG 005, Teile 1 - 8: Leitlinie für die europäische technische Zulassung für flüssig aufzubringende Abdichtungsstoffe.
- Flachdachrichtlinien – Fachregeln für Dächer mit Abdichtungen des Deutschen Dachdeckerhandwerks.
- ZDB-Merkblatt: *„Außenbeläge - Belagskonstruktionen mit Fliesen und Platten außerhalb von Gebäuden“.*
- ZDB-Merkblatt: *„Hinweise für die Ausführung von flüssig zu verarbeitenden Verbundabdichtungen mit Bekleidungen und Belägen aus Fliesen und Platten für den Innen- und Außenbereich“*.

Anmerkend sei gesagt, dass sich Normen und Regeln inhaltlich teilweise widersprechen, bzw. es Konflikte in der praktischen Umsetzung gibt. Darauf wird in Kapitel 4 gezielter eingegangen.

Um die Vorschriften besser erklären zu können und um ihnen einen praktischen Bezug zu geben, werden nachfolgend spezifische, notwendige und elementar wichtige Schichtenaufbau- und Konstruktionsdetails bei Bodenbelagsarbeiten mit Fliesen und Platten im Außenbereich veranschaulicht. Dies geschieht kompakt und wird teilweise Antworten auf die Leitfrage *„Was ist aktueller Stand der Konstruktionslehre?“* geben können.

3.3 Konstruktionstechnische Regeln: Schichtenaufbau- und Besonderheiten

Generell ist zu sagen, dass Balkone/Loggien, Terrassen und wärmegedämmte Dachterrassen immer als Dachkonstruktionen mit äußerst geringem Oberflächengefälle gelten. Eine Abdichtung ist deshalb immer erforderlich (vgl. Präkelt et al., 2001, S. 70). Dies ist aber nicht immer ausgeführt worden, und auch heute gibt es noch zahlreiche Balkone, die als reine Betonplatte oder nicht fachgerecht mit Fliesen und Platten im Verbund ausgeführt werden (vgl. Klindt / Klindt, 1999, S.81f.). Bodenbeläge aus Fliesen und Platten sowie das Verfugungsmaterial sind zwar als wasserundurchlässig bzw. wasserdicht betitelt, damit ist aber keine Abdichtung zu erreichen (ebd., S. 70). Prinzipiell gilt, dass alle verwendeten Materialien den erhöhten Anforderungen aus Kapitel 3.1 und den Vorgaben der Regelwerke entsprechen sollen. Ebenso müssen die Belagsmaterialien aufeinander abgestimmt sein. „Die Produktverträglichkeit bestimmt nicht nur die Funktionsfähigkeit der Konstruktion und deren Lebensdauer, sondern bietet dem ausführenden Fliesenleger durch den zuständigen technischen Berater Hilfe und Schutz im Schadensfall" (Borgmeier, 2011, S. 354).

Bezogen auf die Schichtenaufbau- und Konstruktionsdetails selbst, gibt es viele Gemeinsamkeiten, sowohl auch einige grundlegenden Unterschiede. Im Folgenden wird darauf genauer eingegangen.

Zunächst die gemeinsamen Anforderungen (vgl. Grunau, 1995, S. 86., ebenso in: Neumann / Hestermann / Rungen, 2008 S. 193ff. sowie in: Neumann et al., 2006, S. 336ff.):

- Die Fugen in der Ebene und im Randanschluss, insbesondere zu den aufsteigenden Wänden, Türen und Fensterelementen müssen dicht sein.

- Die Wasserabführung muss dauerhaft gewährleistet sein (vorgehängte Rinnen, Abtropfblech, Entwässerungsrinne, Bodenablaufsysteme).

- Eine dichte untere Ebene, bevor der Schichtenaufbau erfolgt. Abdichtung der Risse in der Betonplattenoberfläche.

- Übernahme der Fugen in der Ebene in einem darauf angelegten, keramischen Belag. Dadurch sammelt sich kein Wasser in einem Estrich oder Verlegemörtel.

- Es muss eine zweistöckige Wasserabführung vorhanden sein, einmal von der unteren Ebene und dann von der oberen Ebene.

3.3.1 Balkone/Loggien

Bei der Betrachtung der Balkone ist zu bedenken, dass die Balkonflächen vollständig im Außenbereich liegen, egal ob es sich um freie Balkone, Eckbalkone, teilweise eingezogene Balkone oder komplett eingezogene Balkone handelt. „Loggien entstehen, wenn übereinanderliegende eingezogene Balkone untereinander ganz oder teilweise durch Wände oder Verglasungen verbunden werden“ (Neumann et al., 2006, S. 336). Daher sind Loggien bautechnisch gesehen eine begehbare Flachdachfläche und sollen auch so behandelt werden (mehr dazu in Kapitel 3.3.3). Die Balkone sind nach DIN 18195-5 mäßig beanspruchte Flächen und mit einer Abdichtungsschicht zu schützen[8]. Die Abdichtungen sind in der Regel an allen anschließenden Bauteilen, 15 cm über die Oberfläche des fertigen Bodenbelages hochzuziehen (vgl. Präkelt et al., 2001, S. 71). Dies ist „besonders wichtig und wird in leider in der Praxis häufig unbeachtet“ (ebd.). Nur somit ist eine dauerhafte Entwässerung über Abläufe oder Tropfkanten gegeben.

Für den weiteren Bodenaufbau wird in der Regel ein Zement-Verbundestrich (nach DIN 18560 Teil 3) als Ausgleichsestrich oder ein Zementestrich auf Trennschicht (nach DIN 18560 Teil 4) als Lastverteilungsschicht mit Gefälle verwendet (siehe Abb. 1). Auf Balkonen mit Abdichtungen ist die Verlegung von Fliesen und Platten nur in Verbindung mit einer Dränschicht ausführbar (vgl. Neumann et al., 2006, S. 343). Diese wird unter der Lastverteilungsschicht auf einer Schutzlage eingebaut. Sie soll eine zügige und rückstandsfreie Ableitung des Regenwassers ermöglichen. Hier haben sich Dränagen oder Entkopplungsmatten aus Kunststoff bewährt. Durch die, bereits in Kapitel 3.1 beschriebene Anforderungen, sind der Balkonuntergrund und

[8] Nur bei kleinen Flächen können klein- und mittelformatige Platten ohne Abdichtungen, direkt auf einem Gefälleestrich im Dünnbett verlegt werden (vgl. Kapitel 3.3).

der weitere Schichtenaufbau durch Bewegungsfugen von mindestens 1 cm Breite zu unterteilen. „Der Fugenabstand sollte zwischen 2 m und höchstens 5 m liegen, und es sollten sich Teilflächen von etwa 4 bis 6 m² Größe ergeben und bei rechteckiger Einteilung ein Seitenverhältnis 1: 1,5 bis maximal 1: 2 nicht überschreiten (Neumann et al., 2006, S. 344; Präkelt et al. 2001, S. 86f.). Fliesen und Platten werden in der Regel im Dünnbett verlegt. Bei großformatigen Platten bietet sich die lose Verlegung in einer 5 bis 6 cm dicken Kiesschüttung an. Auf diese Art können Frostschäden so gut wie ausgeschlossen werden (vgl. Neumann et al., 2006, S. 344f.).

Nach der Verlegung wird die Fugenmasse der DIN 18540, DIN EN 13 888 und DIN EN ISO 11600 entsprechend eingebracht und geglättet. Zu beachten ist, dass elastische Fugen der Witterung ausgesetzt sind (mehr dazu in Kapitel 3.4.4 und 4.4) und sie deshalb als Wartungsfugen gehandhabt werden müssen. Die folgende Abbildung stellt die zuvor beschriebene Belagskonstruktion mit Abdichtung nach DIN 18195 dar:

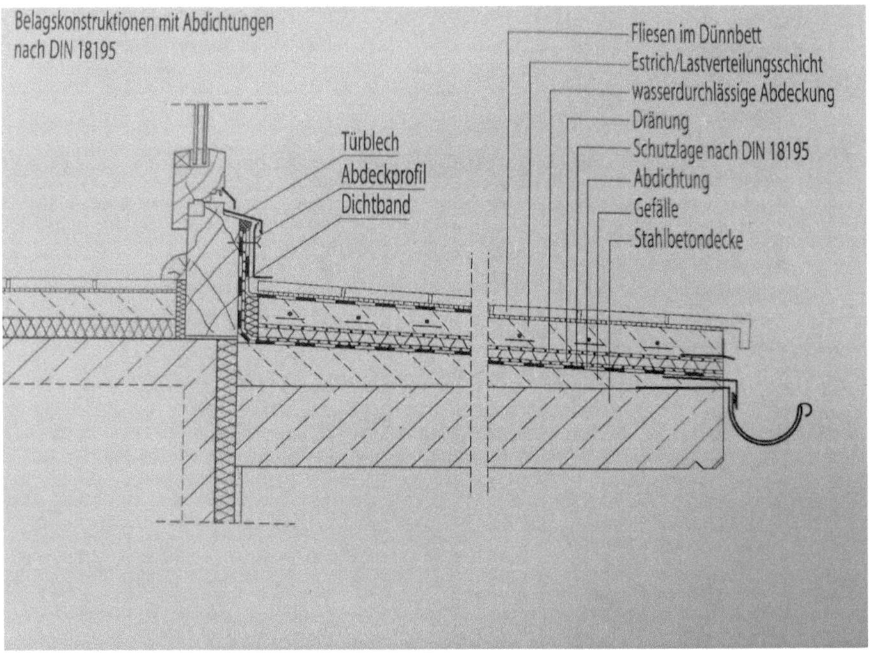

Abbildung 1: Belagskonstruktion mit Abdichtung nach DIN 18195.

Das *untere* Gefälle ist - im besten Fall - bereits in der Konstruktion der Stahlbetondecke eingebracht. Alternativ wird es vom ausführenden Fliesenleger erstellt.

Abdichtung mit Fliesen und Platten im Verbund:

Ein weiterer und verbreiteter Konstruktionstyp ist die unmittelbare Verlegung von Fliesen oder Plattenbelägen im Dünnbett als Verbundabdichtung (siehe Abbildung 2). Bei dieser Art der Konstruktion wird ein Gefälleestrich ausgeführt. Anschließend wird die Verbundabdichtung aufgebracht und *verschmilzt* mit dem Dünnbett und dem Fliesen- oder Plattenbelag zu einem Abdichtungssystem (genauere Beschreibung zum Aufbau des Abdichtungssystems in Kapitel 3.4.1).

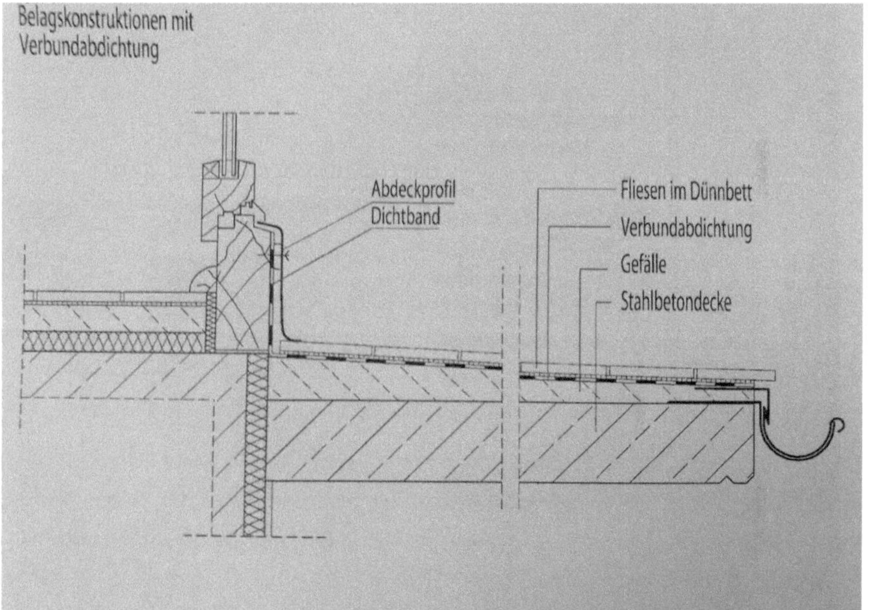

Abbildung 2: Belagskonstruktion mit Verbundabdichtung.

3.3.2 Terrassen auf Erdreich

Bei Terrassen auf Erdreich gibt es zwei Möglichkeiten. Zum einen gibt es die Ausführung einer Terrasse auf einer Betonplatte als Untergrund, zum anderen ist die Ausführung einer Terrasse in Mörtel auf einer Kiesschicht möglich. Wichtig ist, dass bei beiden Typen eine Kiesschicht zwischen dem Erdreich und der Lastverteilungsschicht zwingend vorzusehen ist. Diese kapillarbrechende Schicht ermöglicht eingedrungenem Wasser, sich auch bei Frost auszudehnen.

Für das Erdreich sind folgende Anforderungen unumgänglich (vgl. Borgmeier et al., 2011, S. 356f.):

- ausreichende Tragfähigkeit.
- Frostsicherheit.
- Verdichtungsgrad.
- Ebenheit.

Aufgrund der kapillarbrechenden Schicht ist eine Abdichtung bei dieser Belagskonstruktion nicht zwingend notwendig. Sie fallen hier der Beanspruchungsklasse B0 zu. Somit steht dies im Widerspruch zu der eigentlichen Richtlinie. Im Laufe dieser Ausarbeitung wird darauf noch genauer eingegangen.

<u>Erdberührte Terrasse mit Stahlbetonplatte:</u>

Wird die Terrasse auf einer Stahlbetonplatte ausgeführt, dann wird zunächst eine mindestens 15 cm dicke Filterkiesschicht aufgebracht und verdichtet. Diese Schicht wird mit einer wasserdurchlässigen Abdeckung (z. B.: Glasvlies oder gelochte PE-Folie) abgedeckt. Falls Sickerwasser in die Konstruktion dringt, wird dieses direkt in die Kiesschicht abgeleitet. Auf der Abdeckung wird anschließend eine, im Gefälle von 2 % verlaufende Stahlbetonplatte aus C 25/30 und einer Dicke von mind. 15 cm hergestellt (vgl. ebd., 2011, S. 357). Folgend kann die Stahlbetonplatte mit denselben Arbeitsschritten wie in Kapitel 3.3.1 konstruiert werden. Alternativ kann auch, direkt auf der Stahlbetonplatte, der Fliesen- oder Plattenbelag im Mörtel- oder Dünnbett verlegt werden. Abbildung 3 zeigt diese Variante:

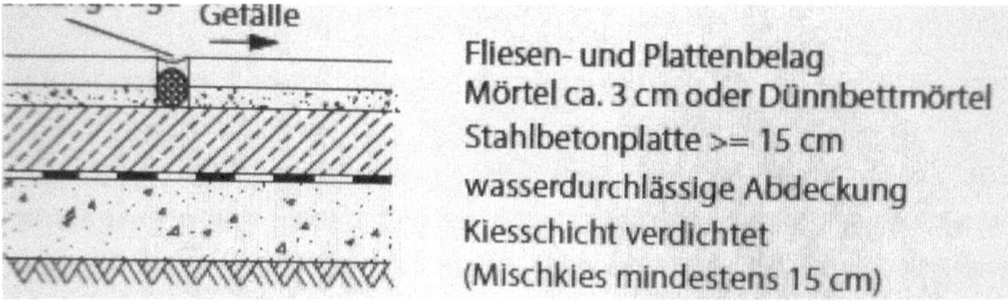

Abbildung 3: Erdberührte Terrasse mit Stahlbetonplatte.

Erdberührte Terrasse auf Kiesschicht:

Wird die Terrasse ohne Stahlbetonplatte ausgeführt, dann unterscheidet sich die Konstruktion in der Höhe der kapillarbrechenden Schicht. Diese ist mit mindestens 30 cm dick und mit Gefälle von mind. 2 % herzustellen, um so die Frostsicherheit zu garantieren. Außerdem erfolgt ausschließlich die Verlegung auf einer perforierten Trennlage im Dickbett (ca. 5 cm). Abbildung 4 verdeutlicht diese Variante:

Abbildung 4: Erdberührte Terrasse auf Kiesschicht.

Nachfolgend wird, als Abschluss des Kapitels 3.3, der Schichtenaufbau einer Dachterrasse, einer Terrasse über beheizten Raum beschrieben.

3.3.3 Dachterrassen

Anders als Balkone und Terrassen auf Erdreich, werden (Dach-)Terrassen und auch Loggien über beheizten Räumen laut DIN 18195-5 als hochbeanspruchte Flächen festgelegt. Daher unterscheiden sie sich bzgl. der verwendeten Abdichtungsmaterialien gegenüber den Balkonen. In Kapitel 3.4.1 wird darauf genauer eingegangen. Hier ist besonders auf die Flachdachrichtlinien des Deutschen Dachdeckerhandwerks zu verweisen. Sie sind „unbestritten das wichtigste Regelwerk für Abdichtungen [...], sind seit Jahrzehnten bei Verarbeitern und Planern eingeführt und haben sich bewährt“ (vgl. Ansorge, 2011, S. 61f.).

Im Vergleich zu einer Balkonkonstruktion, gibt es bei einem Bodenaufbau über einem beheizten Raum zusätzliche Schichten. Diese sind die Dampfsperre, die Dampfdruckausgleichsschicht und die Dämmschicht (siehe Abbildung 5). Aufgrund dieser zusätzlichen Lagen ist der Bodenaufbau eine komplexe Angelegenheit und erfordert vom Planer und vom ausführenden Handwerker eine hohe fachliche Kompetenz sowie eine gewissenhafte Ausführung.

Den Untergrund bildet eine Stahlbetondecke. Falls diese Tragschicht kein Gefälle vorweist, dann wird vom ausführenden Gewerk ein Gefälleausgleich von mind. 2 cm Dicke und 2 % Neigung hergestellt. Optional werden offenporige Kunststoffmatten als Dampfdruckausgleichsschicht verlegt. Die nächste Schicht bildet die Dampfsperre, auch diffusionshemmende Schicht genannt. Sie verhindert das Aufsteigen warmer, feuchter Luft aus dem Wohnraum. Dies ist besonders wichtig, da der Dampf die Wärmedämmschicht beschädigen kann. Als Materialien sind besonders Bitumendampfsperrbahnen oder spezielle Kunststofffolien (PE, PVC, ECB oder PIB) geeignet. Anschließend wird die Dämmschicht eingebaut. Um Wärmebrücken zu verhindern, werden zwei Lagen mit Fugenversatz verlegt und verklebt. Bevorzugte Materialien sind Polystyrol-Hartschaum- oder Polyurethan-Hartschaumplatten. „Am besten geeignet sind Wärmedämmschichten aus Schaumglas. Schaumglas ist nicht zusammendrückbar, absolut feuchtebeständig, verrottungsfest und dampfdicht“ (Borgmeier et al., 2011, S. 361.). Um die Dämmschicht vor den weiteren, konstruktionsbedingten Ausführungen zu schützen, wird eine Trennlage aus Bitumenpappe oder PE-Folie ausgelegt. Zu beachten ist, dass diese bis zur Oberkannte der Lastverteilungsschicht umgesetzt wird. Die darauffolgende Schicht ist die Abdichtungsschicht. Sie wird nach den geltenden Regeln der DIN 18195 und den Flachdachrichtlinien ausgeführt. Anschließend werden, die bereits in Kapitel 3.3.1 ausgeführten Schritte, hinsichtlich Estricharbeiten (mit Bewehrung), Verlegen der Fliesen und Platten und der Verfugung ausgeführt. Abbildung 5 dient der Veranschaulichung der oben aufgeführten Arbeitsschritte:

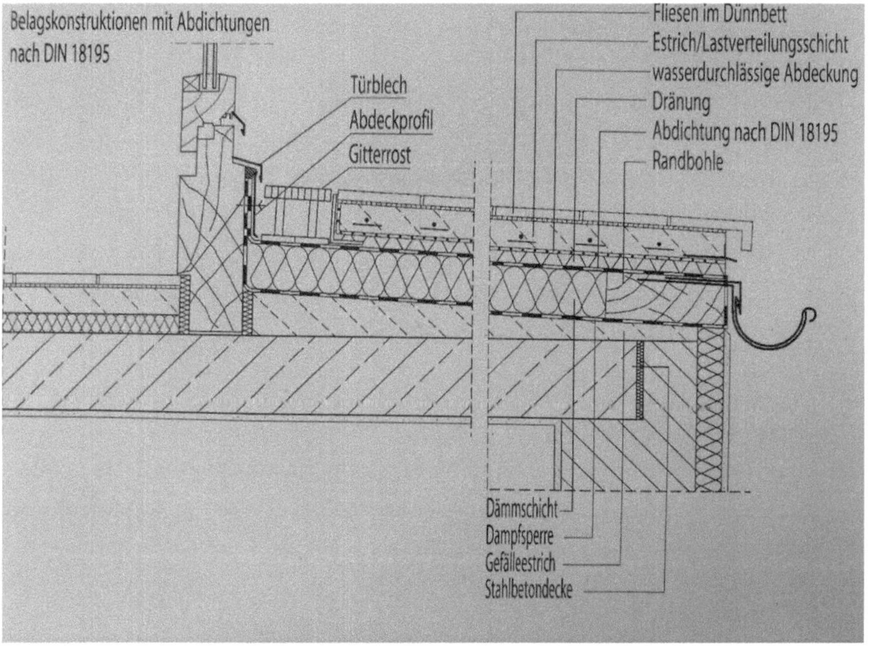

Abbildung 5: Belagskonstruktionen über einem beheizten Raum.

„Bei fachgerechter Ausführung besteht die Terrassenkonstruktion aus 12 Schichten und erreicht eine Aufbauhöhe von 18 bis 20 cm. In der Mehrzahl der Fälle liegen die Materialen über den Lohnkosten [...]. Auch nicht jeder Fliesenleger erkennt die Notwendigkeit aller Schichten an. Folgen [...] sind unweigerlich Bauschäden, die gerade im Außenbereich eine andere Dimension erreichen [...]“ (ebd., S. 364).

Dieses Zitat zeigt noch einmal deutlich die hohen Anforderungen bezüglich fachlicher Kompetenz und gewissenhafter Ausführung, die von Planern und ausführenden Handwerkern verlangt werden. Abschließend sollen zwei Arten der Sonderkonstruktion erklärt werden.

Sonderkonstruktionen:

Es gibt zwei Arten von Sonderkonstruktionen für die Ausführung von Bodenbelägen auf Dachterrassen:

- die lose im Splitt- bzw. Kiesbett und
- die auf Stelzlagern verlegten Plattenbeläge.

Bei diesen Varianten dürfen nur großformatige und dick dimensionierte Platten verwendet werden. Nur so kann der Belag sicher liegen und nicht brechen. Diese Beläge benötigen kein direktes Oberflächengefälle, aber offene Belagsfugen. Über diese ist eine Entwässerung möglich. Konstruktionstypen dieser Art benötigen einen erhöhten Abdichtungsaufwand. „Die Flachdachrichtlinien sprechen dann [...] von Sonderkonstruktionen" (Oswald, 2007, S. 56). Nicht nur der Konstruktionsaufwand ist aufwändiger, auch kann unter dem Belag stehendes Wasser zu Geruchsbelästigung führen (ebd.). Eine nicht empfehlenswerte Variante.

Die auf Balkonen geläufige Abdichtung mit Fliesen und Platten im Verbund, ist für Dachterrassen bisher in den gängigen Regelwerken und Bauwerks-abdichtungsnormen nicht aufgeführt. Dies ist auch soweit verständlich, da bei den konstruktiv anspruchsvollen Aufbauten einer Dachterrasse, Lastverteilungsschichten mit notwendigen Dehnfugen eine große Rolle spielen. Eine Revision der Regelwerke ist nach dem Erscheinen der „Leitlinie für die Europäische Zulassung für flüssig zu verarbeitende Dachabdichtungen" (ETAG 005) absehbar (ebd. S. 54).

Hinsichtlich der zu Beginn gestellten Fragen *„Was ist aktueller Stand der Konstruktionslehre?" und „Über welche Kompetenzen muss der Facharbeiter verfügen?"*, konnten nun bereits wichtige Erkenntnisse aufgezeigt werden. Im Laufe dieser Ausarbeitung wird darauf erneut eingegangen. Die, dem Stand der Technik entsprechende Konstruktionslehre dient als Grundlage, um die exemplarischen Bauschäden durch Ausführungsfehler in Kapitel 4.1 zu analysieren und zu begründen. Um die Analysen vervollständigen zu können, folgt ein obligatorischer Einblick in die Baustoffkunde.

3.4 Baustoffkunde bzgl. Materialien aus dem Fliesenlegerhandwerk

Vorweg ist zu sagen, dass das verwendete Material den Anforderungen in Kapitel 3.1 sowie den Vorschriften, Normen und Richtlinien in Kapitel 3.2 entsprechen muss. Wenn bereits bei der Materialwahl auf falsches, unzulässiges oder billiges, zurückgegriffen wird, dann sind Bauschäden vorprogrammiert. Unwissenheit und mangelnde Fachkompetenz hinsichtlich der zu wählenden Baustoffe und ihrer Verarbeitung, potenzieren die Gefahr von späteren Bauschäden erheblich. Die Beachtung der Herstellerangaben ist Pflicht. Sie fällt in den Aufgabenbereich des Fliesenlegers.

Im Folgenden werden die wichtigsten Bau- und Werkstoffe in vier Unterkapiteln erläutert. Zu bedenken ist:

„Stoffe und Bauteile des Dachaufbaus, die untereinander in Berührung kommen, müssen miteinander verträglich sein. Bei Unverträglichkeit sind Trennschichten /-lagen vorzusehen“ (Neumann et al., 2008, S. 208).

3.4.1 Abdichtungen und Abdichtungsstoffe

„Die Abdichtung muss in der Lage sein, Risse, welche im Untergrund z. B. durch Schwinden entstehen, zu überbrücken“ (Unger, 2000, S. 361). Für die Abdichtung von Bodenbelägen im Außenbereich kommen bituminöse Werkstoffe (Dach-, Schweiß- oder Dichtungsbahnen), hochpolymere Kunststoffe (PIB, PVC-P, ECB Dichtungsbahnen) oder Kunststoffbeschichtungen auf Epoxidharzbasis in Frage. Die Abdichtungsbahnen sind, je nach Material mit mindestens zwei oder drei Lagen zu verkleben. Sie können im Gießverfahren, Gieß- und Einwalzverfahren, Bürstenstreichverfahren oder Schweißverfahren[9] untereinander befestigt werden. Unbedingt zu beachten ist, dass sie mit mindestens 2 % Gefälle und dauernd wirksamen Schutzschichten gegen mechanische Beschädigung ausgeführt werden. An den Nähten, Stößen und Anschlüssen müssen sich die Bahnen um mind. 10 cm überdecken. Des Weiteren ist zu berücksichtigen, dass die Überdeckungsstöße immer parallel mit dem Gefälle laufen. Wird dies nicht berücksichtigt, dann bilden

[9] Nur für Dichtungsbahnen mit der Kennzeichnung S.

sich im darüber liegenden Estrich Wasseransammlungen, wodurch Frostschäden entstehen können (vgl. Präkelt et al. 2001, S. 70f.). Abdichtungen sollen an Anschlusspunkten, also höher gehenden Bauteilen mindestens 15 cm über die Belagsoberfläche führen. „Eine Verringerung der Anschlüsse im Türbereich erfordert besondere Maßnahmen, z. B. Überdachung oder Entwässerungsrinnen mit Gitterrosten, die den Wasserablauf sicherstellen. In solchen Fällen sollte die Mindestanschlusshöhe 5 cm betragen [...] (ZDB-Merkblatt, 2008, S. 5). Diese Typen der Abdichtung sind für Dachterrassen geeignet.

Wenn flüssige oder pastöse Abdichtungsstoffe eingesetzt werden, dann ist zu beachten, dass nur Kunststoff-Zement-Mörtel-Kombinationen und Reaktionsharze genutzt werden dürfen. Sie sind Hauptbestandteil eines Abdichtungssystems[10], dass aus Grundierung, Abdichtungsstoff, einer optionalen Gewebeeinlage und Fugendichtband besteht. Komplementiert wird das System durch die abschließende Verarbeitung von Dünnbettmörtel und Fugendichtmasse. Das Auftragen der flüssigen Abdichtungsschicht, muss in mindestens zwei voneinander getrennten Arbeitsgängen erfolgen (vgl. Neumann et al., 2006, S. 370f.). Dieses System ist, wie bereits in Kapitel 3.3.1 dargestellt, häufig auf Balkonen zu finden. Flüssigabdichtungen dürfen laut den Flachdachrichtlinien bei einer Mindestdicke von 2 mm verwendet werden, wenn sie bauaufsichtlich (abP, Nachweis durch eine ETA) geprüft sind und ein CE-Zeichen besitzen (Schumacher, 2007, S. 170f.).

3.4.2 Lastverteilungsschicht: Estriche

Vorweg ist zu erwähnen, dass Estriche generell folgende Anforderungen erfüllen müssen (vgl. Borgmeier et al., 2011, S. 161):

- ausreichende Druckfestigkeit.
- Ausreichende Biegezugfestigkeit um die Rissbildung durch Nutz- und Verkehrslasten zu verhindern.
- Verhinderung der Rissbildung. Beachtung des Einbaus von Dehnungsfugen.

[10] Abdichtung im Verbund

- Hoher Verschleißwiderstand.
- Langlebigkeit.
- Widerstand gegen chemische Einflüsse.

Die sogenannten Trag- und Lastverteilungsschichten unter den Balkon- und Terrassenbelägen sind zementgebundene Estriche. Von der baukonstruktiven und handwerklichen Ausführung her unterscheidet man drei verschiedene Arten (vgl. Präkelt et al., 2001, S. 80f):

- 1. Zement-Verbundestrich als Gefälleestrich (DIN 18560 Teil 3).
- 2. Zementestrich auf Trennschicht, z. B. auf Balkonen (DIN 18560 Teil 4) und
- 3. Zementestriche auf Dämmschichten, auch als schwimmende Estriche bezeichnet, z. B. auf Dichtschichten über Wärmedämmung auf Dachterrassen (DIN 18560 Teil 2).

Ein Verbundestrich wird bei Fliesen- und Plattenbelägen oft als Gefälleestrich mit 2 % Oberflächengefälle eingebaut. Bei der Abdichtung mit Fliesen und Platten im Verbund, finden sie ebenfalls Anwendung.

Estriche auf Trenn- und Dämmschicht sind die weitaus interessanteren und üblicheren Lastverteilungsschichten. Sie sollen nun genauer beschrieben werden.

<u>Estrich auf Trennschicht:</u>

„Ein Estrich auf Trennschicht ist eine Trag- und Lastverteilungsschicht unter einem Fliesen- oder Plattenbelag auf einer Trenn- und Gleitlage aus Polyester-, Glasfaservlies oder PE-Folie über einer Abdichtung gegen nicht drückendes Oberflächenwasser“ (vgl. Präkelt et al., 2001, S. 86). Die Trennschichten sind zweilagig auszulegen. 0,1 mm dicke PE-Folie hat sich in der Praxis bewährt. An alle angrenzenden Bauteile sind Randdämmstreifen anzuordnen. Die Mindestdicke von Zementestrichen auf Balkonen und Terrassen sollte mindestens 5 cm betragen. Die genauen Estrichdicken und die Festigkeitsklasse richten sich den Beanspruchungen durch Verkehrslasten, welche auf den fertigen Estrich wirken. Für den Außenbereich ist die Festigkeitsklasse 32,5 Mindestvoraussetzung (vgl. Gasser / Timm, 1989, S.

63; Präkelt et al., 2001, S. 87; Unger, 2000, S. 447f.). Ein Estrich auf Trennschicht (im Außenbereich) ist zu bewehren.

Estrich auf Dämmschicht:

„Ein Estrich auf Trennschicht ist eine Trag- und Lastverteilungsschicht unter einem Fliesen- oder Plattenbelag auf einer Trenn- und Gleitlage aus Polyester-, Glasfaservlies oder PE-Folie über einer Abdichtung gegen nicht drückendes Oberflächenwasser, wenn sich unter dieser Dichtschicht eine Wärme- und/oder Trittschalldämmschicht befindet“ (Präkelt et al., 2001, S. 87). Bezüglich der Ausführung gibt es zwei Unterschiede gegenüber der Ausführung eines Estrichs auf Trennschicht. Zum einen muss bei einem schwimmenden Estrich die gesamte Fläche von gleicher Dicke sein, zum anderen wird die Estrichdicke um 0,5 cm erhöht, sobald die unterliegende Dämmschicht 3 cm überschreitet (ebd.).

3.4.3 Bodenbeläge aus Fliesen und Platten

Bei der Auswahl geeigneter Fliesen und Platten sind die in Kapitel 3.1 genannten Anforderungen an Balkone und Terrassen wichtige Kriterien. Alle Fliesen und Platten aus Keramik, Natur- oder Kunststeine müssen frostbeständig sein. Die maximale Wasseraufnahme ist hierfür ein maßgebliches Kriterium. Die Prüfung der Frostbeständigkeit erfolgt nach DIN EN ISO 10545 Teil 12. Außerdem sollten die Bodenbeläge rutschsicher ausgeführt werden, da private Bereiche nicht selten barfuß betreten werden. Daher sollten Fliesen und Platten den Rutschsicherheitswert A (12°), besser dem Bereich B (18°) besitzen.

Zusammenfassend können folgende Kriterien genannt werden:

- Wasseraufnahme der Fliesen oder Platten unter 3 Gewichtsprozent.
- Feuchtigkeitsbeanspruchungsklasse B0.
- Rutschhemmung mindestens Klasse R 8.
- Beanspruchungsklasse (Abrieb) Klassen III, IV oder V.

Aufgrund dieser Vorgaben sind folgende Fliesen und Platten für Balkon- und Terrassenbeläge geeignet:

Steinzeugfliesen:
Sie sind nach DIN EN 14 411 für die Verlegung im Außenbereich geeignet, wenn sie die maximale Wasseraufnahme von E < 3%[11] nicht überschreiten.

Bodenklinkerplatten:
Sie sind nach DIN 18 158 uneingeschränkt nutzbar. Sie haben ein dichtes Gefüge und besitzen eine hohe Widerstandsfähigkeit gegen Witterungseinflüsse und Frost.

Keramische Spaltplatten:
Spaltplatten werden mit einer Wasseraufnahme von E < 3% und von 3 - < 6% genormt. Aufgrund ihres Herstellverfahrens sind Spaltplatten frostbeständig und können deshalb verwendet werden.

Natursteinplatten:
Granite, Diorite, Syenite und Gabros (Tiefengestein) sind frostbeständig. Ältere Erdgussgesteine, wie z. B. Diabase oder Porphyre sind ebenfalls geeignet.

Im ZDB-Merkblatt *„Belagskonstruktionen mit Fliesen und Platten außerhalb von Gebäuden"* (2008) wird folgendes ausdrücklich festgehalten:

- Eine regelmäßige Verlegung im Kreuzfugenschnitt ist zu bevorzugen.
- Bei trockengepressten keramischen Fliesen und Platten wird die Verwendung unglasierter Materialien empfohlen.
- Naturwerksteine können durch nicht gleichmäßige Austrocknung zu Farbunterschieden neigen.
- Zu bevorzugen sind Beläge in hellen Farben, um extreme Aufheizung durch Sonneneinstrahlung zu reduzieren.

Diese Punkte sollten ebenfalls beachtet werden, um die Sicherheit und Langlebigkeit des Bodenbelages zu garantieren.

---

[11] Gruppe I - Fliesen mit geringer Wasseraufnahme E ≤ 3 %

3.4.4 Verlegemörtel und Fugenmaterialien

Hinsichtlich des Verlegeverfahrens und der Gegebenheiten der Fliesen und Platten, kann der Bodenbelag im Dick- oder Dünnbett ausgeführt werden. „Der Verlegemörtel muss die ständig auftretenden Längenänderungen zwischen dem Fliesen- oder Plattenbelag und der Lastverteilungsschicht aufnehmen. In der Praxis werden diese durch Sonneneinstrahlung und anschließende Abkühlung bzw. durch Frost in der Winterperiode entstehenden Längenänderungen oft unterschätzt“ (Borgmeier et al., 2011, S. 355).

Dickbettverlegung:

Das Mörtelmischungsverhältnis lautet: Ein Raumteil Zement zu fünf Raumteilen Sand. Um ein dichtes, homogenes Gefüge zu erhalten, sollte die Gesteinskörnung ein ausgeglichenes Verhältnis in der Größe von 0 bis 4 mm besitzen. Als Mischwasser wird reines Leitungswasser verwendet. Damit es nicht zu unerwünschten Ausblühungen kommt, sollte der Zement wenige Kalkbestandteile besitzen. Als Bindemittel geeignet sind CEM I, CEM II/B-S, CEM II/B-P und CEM III. Bei der Verlegung von Natursteinplatten, sollte auf Zusatzmittel verzichtet werden, denn diese können zu Verfärbungen führen. Die Dicke des Mörtelbettes soll auf Balkonen und Terrassen bei einem Mittelmaß von ca. 2 cm betragen (vgl. Präkelt et al., 2001, S. 117).

Dünnbettmörtel:

Zulässig ist die Verlegung hydraulisch erhärtender Dünnbettmörtel. Er sollte wie bei der Verlegung im Dickbett auf der Basis von CEM II/B-S, CEM II/B-P und CEM III Bindemitteln hergestellt sein. Da es im Außenbereich zu großen Temperaturunterschieden kommt, ist die Verwendung eines flexiblen Dünnbettmörtels vorteilhaft. Besonders tauglich sind auch die nach DIN EN 12 004 genormten Mörtel, welche das Überschusswasser in der Mischung binden. Bei der Verlegung von Natursteinplatten ist der Naturstein- bzw. Marmorkleber zu verwenden, um Verfärbungen zu vermeiden (vgl. Borgmeier et al., 2011, S. 356; Präkelt et al., 2001, S. 117f.; ZDB-Merkblatt, 2008, S. 4ff.).

Fugenmaterial auf Zementbasis:

Für die Außenanwendung ist ebenfalls ein hydraulisch, erhärtender Fugenmörtel mit flexiblem Verhalten nach DIN EN 13 888 zu wählen. „Die meisten handelsüblichen flexiblen Fugenmörtel besitzen zusätzlich Vergütungen, [...]: wasserfest, wasserabweisend, frostbeständig, witterungsbeständig“ (Borgmeier et al., 2011, S. 378). Die Herstellerangaben sind zu beachten.

Elastisches Fugenmaterial:

Für die Verschließung der Anschluss-, Rand-, Feldbegrenzungs- und ggf. Gebäudetrennfugen, werden ausschließlich elastische Fugenmaterialien oder geeignete verformbare Profile (z. B. Kehlprofile) verwendet. Wie in Kapitel 3.3.1 bereits erwähnt, ist zu bedenken, dass die Produkte elastisch, jedoch nur begrenzt haltbar sind. Aufgrund von Witterungseinflüssen, chemische und physikalische und Verkehrs-Belastungen sind sie nur begrenzt haltbar. Sie gelten als Wartungsfugen bzw. als Reparaturbauteile und müssen zwischen drei bis zehn Jahren ausgetauscht werden.

Auf die, in den Kapiteln zuvor genannten, zusätzlich verwendeten Bau- und Werkstoffe, wie Dränage- oder Entkopplungsmatten, Stahlbewehrungen, Kunststoffe, Folien etc. soll hier nicht weiter eingegangen werden.

3.5 Zwischenfazit

Die zu Beginn gestellten Fragen, „*Was ist aktueller Stand der Konstruktionslehre?*", „*Welche Vorschriften liegen bei der Ausführung von Fliesen und Platten vor?*", „*Was sagt das technische Regelwerk über die Konstruktionen aus?*" und „*Welche Materialen darf der Facharbeiter nutzen?*" wurden weitestgehend beantwortet. Es bleibt die Erkenntnis, dass die facettenreiche Gestaltung von Außenbereichen mit Fliesen und Platten technisch hoch anspruchsvoll und aufwändig ist.

Viele Normen, Richtlinien und Verordnungen erleichtern die ausführenden Arbeiten keineswegs. Ja, es besteht sogar teilweise inhaltlicher Widerspruch; mal werden Balkone und Terrassen als mäßig beanspruchte Flächen (vgl. DIN 18195-5, S. 4), dann nur Balkone als mäßig beansprucht betitelt. Terrassen werden dann wiederum als hoch beanspruchte Flächen gezählt (ebd.). Dachterrassen werden aber nach den Flachdachrichtlinien ausgeführt. Die Flachdachrichtlinien machen da keinen Unterschied; sie behandeln Balkone, Loggien, Terrassen und Dachterrassen gleich (vgl. Flachdachrichtlinien, S. 168f). Möglicherweise ist dies die sinnvollste Lösung.

Man sieht, dass die Planung und Ausführung enorme fachliche Kompetenz voraussetzt und ein Blick ins Regelwerk notwendig ist. Die hohen Ansprüche, die an den Schichtenaufbau gestellt werden, sind ohne Zweifel auf den Planer und ausführenden Facharbeiter zu übertragen. Vielleicht liegt gerade darin der Grund, dass es zu vielen *vermeidbaren* Bauschäden auf Balkonen und Terrassen kommt; mangelndes technologisches und praktisches Wissen.

In den vorangegangenen Kapiteln wurden Konstruktionen und Materialien dargestellt. Mögliche Schwachstellen in der Konstruktion wurden gezeigt. Zu beantworten bleibt: „*Gibt es häufig, sich wiederholende Bauschäden an Balkonen und Terrassen*?", „*Wenn ja, worauf sind diese zurückzuführen?*" Im folgenden Kapitel werden zunächst zwei Ausführungsfehler als exemplarische Beispiele dienen. Anschließend werden die Erkenntnisse aus Kapitel 3 und 4.1 auf das Berufsfeld des Fliesenlegers übertragen. Anhand eines Balkonaufbaus mit Lastverteilungsschicht sollen dann die Arbeitsschritte einer *optimalen* beispielhaften Lösung dargestellt werden.

4 Beispiele aus der Praxis des Fliesenlegerhandwerks

Für die Recherche bzgl. der Ausführungsfehler wurde die Bauschadensdatenbank SCHADIS® und einschlägige Fachliteratur genutzt. Ebenso bezieht diese Ausarbeitung meine Expertise als Fliesen-, Platten- und Mosaikleger Geselle und das Studium zum Berufschullehrer Bautechnik mit ein.

Schaden auf Grund von betontechnologischen Ursachen wurden hier nicht berücksichtigt. Fehler, bei denen falsche Planungsvorgaben vorlagen, wurden nicht ausgeschlossen, denn zu den Aufgaben eines Facharbeiters gehört, dass er den vorgefundenen Untergrund auf Rechtmäßigkeit prüft, denn „sofern es sich um die Umsetzung einer offensichtlich fehlerhaften Planungsvorgabe handelt, wird auch dies als Ausführungsfehler gewertet" (Helmbrecht / Pfeiffer, 2009, S. 18). Es wurden also *tatsächliche* Ausführungsfehler des ausführenden Fliesenlegers in der Recherche berücksichtigt.

Als Beispiele dienen folgend zwei Fälle aus der Datenbank SCHADIS®. Sie zeigen hervorragend die Schwachstellen der Balkon- und Terrassenkonstruktionen bzgl. Feuchteschäden, wenn diese nicht fachgerecht ausgeführt werden.

„Die meisten Bauschäden entstehen in Zusammenhang mit Feuchtebelastungen. Nach der Devise *Vordenken ist besser als Nachdenken* sind risikohafte Bauteile (besonders Balkone/Terrassen) genauestens zu planen" (Schulz, 2007, S. 164).

4.1 Exemplarische Ausführungsfehler

4.1.1 Schadensfall 1: Missachtung des vorgeschriebenen Gefälles

Sachverhalt:

An sämtlichen Loggien eines Mehrfamilienhauses traten kurze Zeit nach einer Sanierung massive Feuchteschäden auf. Ausblühungen, Rissbildungen und Ablösen des Dichtungsbandes waren die Folge. Die Sanierung der Loggien erfolgte nicht unter Aufsicht eines Architekten, sondern die ausführende Firma übernahm Planung und Umsetzung. Für die Abdichtung der Loggien waren Bitumenbahnen nach DIN 18195 Teil 5 gewählt worden. Darauf wurde ein Estrich mit im Dünnbett verlegten

Fliesen hergestellt. Die Entwässerung erfolgt jeweils über einen Fußbodeneinlauf. Die Abdichtungen zu den Anschlusspunkten waren im Bereich der Tür und-Fensterkonstruktion ca. 5 cm über Oberkante Fliesenbelag hochgeführt und mit einer Abdeckleiste verwahrt (vgl. Bonk / Anders, 1999, S. 26).

<u>Schadensursachen:</u>

Bei der Ausführung der Loggien sind grundlegende abdichtungstechnische Regeln missachtet worden. Abbildung 6 zeigt dies. Wie bereits in Kapitel 3.3.1 dargestellt müssen Abdichtungsschichten gemäß Flachdachrichtlinie ein Gefälle von mindestens 2 % in Richtung des Entwässerungspunktes aufweisen. Bei der hier dargestellten Baumaßnahme wurde dies nicht eingehalten. „Dieser Verstoß gegen die Regeln der Technik hat auch zu den vorgefundenen Ausblühungen geführt“ (ebd., S. 27). Eine weitere Schwachstelle sind die Anschlusspunkte. Die Abdichtungen sind dort in der Regel 15 cm über der Oberkante des fertigen Fußbodens zu führen. Ist dies nicht möglich, dann muss die Entwässerung anhand einer Entwässerungsrinne (vgl. Kapitel 3.3) sichergestellt werden. Hinzu kommt in diesem Fall noch die schadensfordernde konstruktive Ausbildung des Fußbodens an der Stirnseite der Loggia. Das Problem hier ist die Tatsache, dass das unterschiedliche thermische Ausdehnungsverhalten des Zinkblechs und des Estrichs zur Ablösung und Rissbildung beigetragen haben (ebd., S25f).

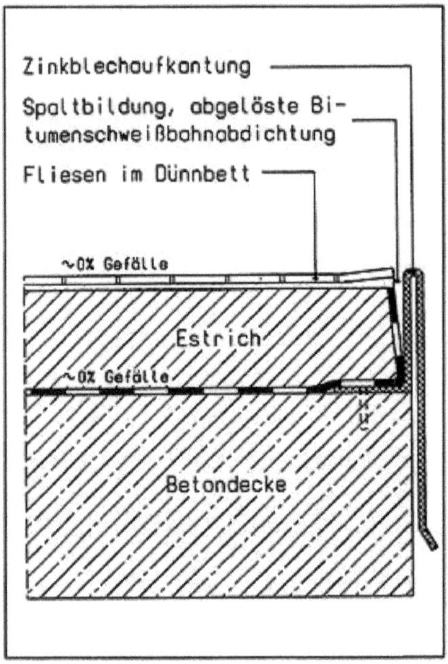

Abbildung 6: Fußbodenaufbau an der Stirnseite der Loggia.

Der Fliesenleger hat hier nicht fachgerecht gearbeitet. Das geschieht leider häufiger. Bei vielen Feuchteschäden ist die Missachtung eines notwendigen Gefälles die Schadensursache. Wenn Wasser auf einer Fläche stehen bleibt und nicht abgeleitet werden kann, sind Folgeschäden vorprogrammiert. Der Fliesenleger muss über die fachliche Kompetenz verfügen, den Untergrund so vorzubereiten, bzw. die Lasttragschicht zu auszuführen, dass eine problemlose Entwässerung sichergestellt werden kann.

In diesem Fall blieb also nur der Abriss der vorhandenen Fußbodenkonstruktion. Wie es fachgerecht gemacht werden kann, wird Kapitel 4.2 darstellen.

4.2.1 Schadensfall 2: Mangelnde Ausführung der Verbundabdichtung

Sachverhalt:

Abbildung 7: Mangelhafte Verarbeitung des Abdichtungsbandes.

Bei einem Neubau kam es zu Feuchteschäden am Balkon. Ebenso gab es Schäden im Gebäudeinneren sowie auf der WDVS-Fassade. Alle Balkone waren gefliest und als Verbundabdichtung ausgeführt. Als Abdichtung sind die auf den Abbildungen 7 und 8 sichtbaren, orangenen PE-Matten verwendet worden. Laut Herstellerangaben ersetzt die Matte die flüssig aufzubringenden Abdichtungsstoffe. Nach Entfernung des Fliesenbelages war Folgendes sichtbar (vgl. Schulz, 2007, S. 164f):

- Das Abdichtungsband war auf die WDVS-Fassade geklebt und nur durch eine Silikonnaht fixiert (Abbildung 7).
- An den Anschlusspunkten waren nicht die geforderten 15 cm, sondern lediglich 6 cm Aufkantung über der Oberkante des Fertigfußbodens ausgeführt (Abbildung 7).
- Die Mattenstöße der PE-Matte waren lediglich mit Klebeband überbrückt (Abbildung 8).

Abbildung 8: Blick auf den Stoß der Verbundabdichtungsmatten.

Schadensursache:

In Kapitel 3.4.1 ist ausführlich beschrieben, wie man bei einer Abdichtung im Verbund vorzugehen hat. In diesem Fall wurde das Abdichtungsband weder 15 cm über der Oberkante Fertigfußboden hochgezogen, noch wurden die Abdichtungsmappen überlappt (mind. 10 cm). Sie wurden hier nur Stoß an Stoß ausgeführt. Die Abdichtungsbänder an den Anschlussstellen sind auf einer glatten Rohbaukonstruktion aufzubringen, nicht wie hier auf der WDVS-Fassade. Des Weiteren wäre zu beachten, dass vor Aufbringen der Matten der Untergrund auf Gefälle zu prüfen ist. Die Prüfung des Untergrundes gehört zur fachlichen Kompetenz des Fliesenlegers. Das Gefälle bei dieser Konstruktion betrug außerdem nur 1,5 %. 2 % Gefälle sind hier Vorschrift, damit es zu keiner Pfützenbildung kommt. Wie bereits erwähnt sind die Herstellerangaben zu beachten. Das gehört ebenso in das Aufgabenfeld des ausführenden Facharbeiters. Das hier beschriebene Abdichtungssystem funktioniert laut Produkthersteller nur, wenn die Fliesen im Dünnbett, hohlraumfrei verlegt sind. Das ist trotz Buttering-Floating-Verfahren (S. Kapitel 4.2) nicht zu gewährleisten (ebd., S. 166f).

Was nach der Recherche bleibt, ist die Erkenntnis, dass ein Großteil der Bauschäden, in Bezug auf Balkone und Terrassen, auf mangelnde und fehlerhafte Ausführungen von Abdichtungen sowie auf die Einbringung einer Lastverteilungsschicht ohne Gefälle zurückzuführen sind. Die beiden vorangegangenen Beispiele zeigten dies exemplarisch.

4.2 Beispiel: Optimale Ausführung einer Verbundabdichtung mit Lastverteilungsschicht

Als Abschluss dieser schriftlichen Ausarbeitung soll nun eine optimale Ausführung eines Balkons mit Verbundabdichtung auf Lastverteilungsschicht (Abbildung 9) beispielhaft dargestellt werden. Die Strukturierung der Arbeitsschritte basiert auf der fachlichen Kompetenz eines Fliesenlegers mit Gesellenbrief. Bezogen auf den zuvor dargestellten Schadensfall 1, soll hier auch gleich eine Sanierungsmöglichkeit vorgestellt werden.

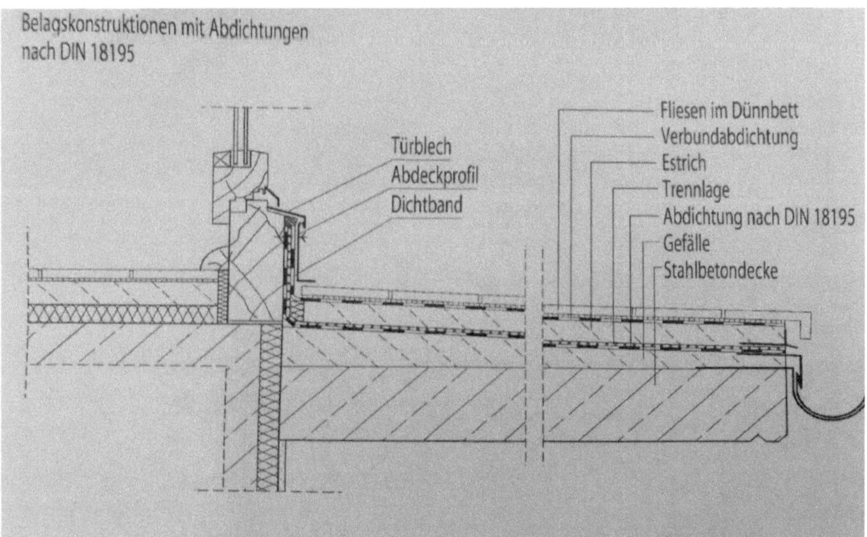

Abbildung 9: Abdichtung im Verbund auf Estrich.

Final, soll sie hinsichtlich der eingangs gestellten Fragen *„Über welche Kompetenzen muss der Facharbeiter verfügen?“* und *„Gibt es aktuelle Lösungsvorschläge oder konstruktive Alternativen für diese Problematik?“* ausreichend Antwort geben.

Die einzelnen Arbeitsschritte werden nun tabellarisch dargestellt. Bemerkungen zu einzelnen und besonders wichtigen Arbeitsphasen folgen unmittelbar.

Nr.	Arbeitsphase	Arbeitsschritte	Maschinen, Werkzeuge, Hilfsmittel	Material
1	Untergrund vorbereiten	a. Untergrund begutachten b. ggf. aufrauen c. grundieren d. befeuchten	Reibebrett, Schwamm, Rolle, Eimer, Knieschoner, Zollstock, Setzlatte	Grundierung
2	Gefälle herstellen	a. befeuchten b. Mörtel aufbringen c. Mörtel mit Gefälle herstellen d. verdichten und glätten e. prüfen **mindestens 2 % Gefälle**	Knieschoner, Schaufel, Eimer, Kelle, Setzlatte, Schalbretter, Wasserwaage, Reibebrett, Glättbrett	hydraulisch erhärtender Mörtel, Wasser
3	Abdichtung herstellen	a. Untergrund prüfen b. Bitumenbahn verkleben c. 2. Schicht verkleben d. 3. Schicht verkleben **Anschlusspunkte beachten!** **Überlappung 10 cm!**	Bunsenbrenner, Kaltkleber, Cutter-Messer, Spachtel, Kelle,	Bitumenbahn
4	Trennlage aufbringen	a. Trennlage zweischichtig auf die Abdichtung auflegen und über die Anschlusspunkte führen. **Durch Schutzlagen, Trennschicht oder Trennlage darf kein Wasserstau entstehen.**	Cutter-Messer	PE-Folie

Nr.	Arbeitsphase	Arbeitsschritte	Maschinen, Werkzeuge, Hilfsmittel	Material
5	Ausführung des Estrichs	a. Randdämmstreifen auslegen b. Estrich aufbringen c. Bewehrung einbringen d. Estrich verdichten e. Estrich ausführen f. Gefälle kontrollieren g. Feldbegrenzungsfugen einteilen h. ggf. abdecken **Pflegehinweise beachten!**	Knieschoner, Schaufel, Eimer, Kelle, Setzlatte, Schalbretter, Wasserwaage, Reibebrett, Glättbrett	Zementestrich, Wasser, Bewehrungsmatten, Randdämmstreifen
6	CM Messung	a. Proben entnehmen b. CM Messung durchführen	CM Messkoffer	
7	Abdichtung einbringen	a. Abdichtungsstoff auftragen b. Dichtbänder an Anschlusspunkten ausführen c. zweite Schicht des Abdichtungsstoffes auftragen **Herstellerhinweise beachten!**	Rolle, Pinsel, Knieschoner, Cutter – Messer, Eimer	Abdichtungsstoff, Dichtbänder
8	Fliesen- oder Plattenbelag im Verbund herstellen	a. Fliesenkleber anrühren b. Fliesenkleber auf Untergrund und Platte aufbringen c. Fliesen verlegen d. Fugen sauber halten e. Fliesenbelag reinigen **Fugenbild beachten!** **Herstellerhinweise beachten!**	Fliesenschneider, Zange, Winkelschleifer, Zahnspachtel, Spachtel, Kelle, Keile, Maurerschnur, Rührstab, Eimer, Wasserwaage, Setzlatte, Knieschoner, Schwamm, Eimer, Zollstock,	Fliesen / Platten, Mörtelkleber, Wasser

Nr.	Arbeitsphase	Arbeitsschritte	Maschinen, Werkzeuge, Hilfsmittel	Material
9	Verfugen des Belages	a. Fugenmaterial anrühren b. Fugenmaterial einbringen c. Belag säubern **Fugen nicht wieder auswaschen!**	Spachtel, Fugengummi, Schwamm, Eimer, Cutter-Messer, Keile	Fugenmaterial, Wasser
10	Rand- /Wartungsfugen füllen	a. Anschlussfugen reinigen **Nicht die Abdichtung beschädigen!** b. Elastisches Fugenmaterial einbringen c. Fugen glätten **Wartungsfugen!** **Alle 5 Jahre prüfen!**	Silikonspritze, Cutter-Messer, Fugengummi, Keile	Dichtstoff (Silikon), Spülmittel

Zu Nr. 1:

Zu den Aufgaben des Fliesenlegers gehört das Prüfen und Vorbehandeln des zu belegenden Untergrundes. „Der Fliesenleger muss die fachliche Kompetenz besitzen, alle wichtigen Untergründe zu kennen, daraus Entscheidungen für die richtigen Untergrundvorbehandlungen abzuleiten und den entsprechenden Belagsaufbau zu wählen“ (Borgmeier / Braunreiter 2011, S. 96). Die Prüfung und Vorbehandlung des Untergrundes folgt auf alle weiteren Arbeitsschritte.

Zu Nr. 3 & 7:

Hier sind die bereits ausführlich behandelten Schwachstellen der Konstruktion gewissenhaft zu bedenken. Die Abdichtung 15 cm über die Oberkante Fertigfußboden auszuführen ist außer bei Sonderkonstruktionen einzuhalten (vgl. Kapitel 3.4.1).

Zu Nr. 5:

Die Anordnung der Feldbegrenzungsfugen ist abhängig von Größe und Grundrissgliederung der Belagsfläche. Sie ist geradlinig durchlaufend auszuführen. Sie sind im Abstand von ca. 2 m bis ca. 5 m anzuordnen (vgl. Kapitel 3.3.1).

Zu Nr. 6:

In Bezug auf die Belegreife des Estrichs in Verbindung mit dem vorliegenden Feuchtegehalt muss der ausführende Fliesenleger den Estrich mit Hilfe einer CM-Messung[12] prüfen: „Um die Belegreife festzustellen, ist vor der Verlegung eine Messung des Feuchtegehaltes erforderlich. Bei Zementestrichen ist die Belegreife bei einem Feuchtigkeitsgehalt ≤ 2 %, gemessen mit dem CM-Gerät, erreicht" (ZDB-Merkblatt, 2010, S. 16). Bei einem Zementestrich geht man von einer Trocknungszeit von drei bis vier Wochen aus. In diesem Zeitraum wird auch die erste Messung durchgeführt. Resultiert daraus eine zu hohe Restfeuchtigkeit, dann ist der Fliesenleger dazu verpflichtet Bedenken anzumelden und dem Estrich ausreichende Austrocknungszeit zu gewährleisten. Werden diese Regeln eingehalten verringert sich das Risiko eines möglicherweise auftretenden Bauschadens um ein Vielfaches.

Zu Nr. 8:

Bei einer Abdichtung mit Fliesen und Platten im Verbund muss die Buttering-Floating-Methode angewendet werden. Bei dieser Technik wird der Dünnbettmörtel auf den Untergrund und die Rückseite der Fliesen oder Platten aufgebracht. Dadurch entstehen weniger Hohlräume unterhalb des Belages. Dies ist im Außenbereich sehr wichtig, denn in Hohlräumen kann sich Wasser sammeln und bei Frost den Belag beschädigen.

[12]Die Calcium-Carbid-Methode (CM-Messung) ist die anerkannte Messung, um die Restfeuchtigkeitsmenge mit Hilfe einer Baustoffprobe vor Ort zu bestimmen. Die Methode ist daher am besten für leichte Materialien wie Estrich geeignet und dort zur Prüfung nach DIN geregelt.

Zu Nr. 10:

Rand- und Anschlussfugen sind Wartungsfugen. Sie müssen alle 3 bis 10 Jahre ausgewechselt werden. Aufgrund der hohen Beanspruchungen, denen Balkon- und Terrassenbeläge ausgesetzt sind, sollten sie alle 5 Jahre kontrolliert werden. Denn wenn sie porös werden, dann sind sie eine erhebliche Schwachstelle und Wasser kann unter die Konstruktion gelangen. Ein weiteres Problem ist, dass das in die Abdichtung im Verbund eingearbeitete Dichtband bei dem im ZDB-Merkblatt skizziertem und heute auch praktiziertem Einbau, einem sehr hohen Beschädigungsrisiko ausgesetzt ist. So kann es beim Herausschneiden der elastischen Fugenfüllung sehr leicht passieren, dass Dichtband durchtrennt wird (Abbildung 10). Um dies zu vermeiden sollten vor der Verlegung von Fliesen oder Platten, PVC-Profile oder Aluminiumprofile eingesetzt werden (Abbildung 11).

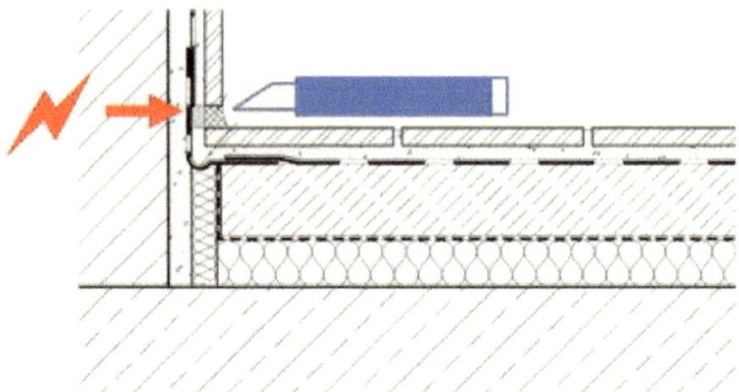

Abbildung 10: Problem bei der Wartungsfuge.

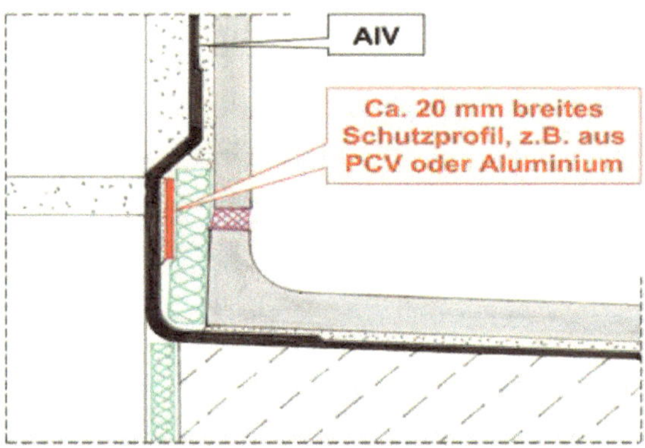

Abbildung 11: Mögliche Lage des Schutzprofils hinter einer Fliese.

Die Verwendung solcher Profile, die regelmäßige Wartung und dadurch notwendige Auswechslung der Rand- und Anschlussfugen ist empfehlenswert. Gerade in Bezug auf die Schwachstellen, welche Wartungsfugen darstellen, sollte es nicht nur empfehlenswert, sondern Vorschrift sein.

5 Resümee

Die vorangegangenen Seiten lieferten einen Einblick bzgl. Anforderungen, welche an Balkone/Loggien, Terrassen und Dachterrassen gestellt werden. Ebenso wurde gezeigt welche Bedingungen die Planung, die Ausführung und die Materialwahl erfüllen muss. Die beschriebenen Bauschäden zeigen, dass eine gewissenhafte und kompetente Durchführung seitens aller Beteiligten notwendig ist.

Bezüglich der, dieser Arbeit zu Grunde liegenden Leitfragen, konnten, bis auf *„Wenn ja, worauf sind diese zurückzuführen?"* und *„Gibt es aktuelle Lösungsvorschläge oder konstruktive Alternativen für diese Problematik?"*, beantwortet werden. Die Beantwortung der beiden Fragen gestaltet sich schwieriger. Auf was die Bauschäden zurückzuführen sind, gibt Platz für weitere Forschungen. Liegt es an der mangelnden Kompetenz, respektive Fachwissen oder bestehen Kommunikations-probleme zwischen den Handwerkern, Architekten und Ingenieuren? Spielen Geld und Zeit eine Rolle? Hinsichtlich der Alternativen und Lösungsvorschläge bleibt zu sagen, dass es diese mit Sicherheit gibt. Aber auch die *alten* Lösungswege sind brauchbar, solange sie gewissenhaft ausgeführt werden, wobei erneut die Frage nach den Gründen der Bauschäden gestellt werden muss.

Es konnte gezeigt werden, dass es eine Fülle von Normen und Richtlinien gibt, welche der Fliesenleger kennen muss. Darin gibt es teilweise inhaltlichen Widerspruch. Zum einen ist es verwunderlich, warum Balkone und Loggien als mäßig beanspruchte bzw. hoch beanspruchte Bereiche differenziert werden. Balkone sind dauerhaft anspruchsvollen Witterungsverhältnissen ausgesetzt. Wenn Loggien nach den Flachdachrichtlinien ausgeführt werden, dann sollten Balkone ebenso nach diesen geplant und ausgeführt werden. Die Vermutung liegt nahe, dass die Ausführung nach den Flachdachrichtlinien, angewandt auf Balkone, zu weniger Schadensfällen führen kann. Auch eine Abdichtung mit Fliesen und Platten im Verbund ist, wenn richtig ausgeführt, ein bewährtes Mittel um Feuchtschäden zu unterbinden. Eine einheitliche Regelung wäre ratsam.

Ebenso wäre es angebracht dem Thema Balkone und Terrassen mehr Inhalt während der Ausbildung zuzuschreiben. Betrachtet man das Inhaltsverzeichnis des Buches Bautechnik für Fliesen-, Platten- und Mosaikleger (vgl. Borgmeier, 2011, S.

Xf.), dann fällt auf, dass hier lediglich auf die Herstellung eines Terrassenbelages auf Erdreich eingegangen wird. Bei der Vielzahl von Balkonen und, speziell im urbanen Bereich, von Dachterrassen sollte man auf diese Ausführungsvarianten mehr Bezug nehmen.

Ein weiterer, wenig beachteter, Punkt ist das Thema Wartungsfuge. Hierauf sollte in Zukunft ebenfalls genauer eingegangen werden. Es sollte Pflicht des ausführenden Handwerkers sein, auf diese Problematik hinzuweisen. Alle elastischen Fugen müssen regelmäßig betrachtet und ausgewechselt werden. Dies geschieht in der Praxis zu selten. Eine beschädigte, poröse Wartungsfuge ist eine Schwachstelle in der Konstruktion. Wasserschäden sind die Folge.

Abschließend sei gesagt, dass berufswissenschaftliche Analysen in Verbindung mit exemplarischen Bauschäden, Erfahrungen und Erkenntnisse hervorheben können und diese sind sowohl in der Theorie und Praxis hervorragende Lehrbeispiele.

Literaturverzeichnis

Ansorge D.: Bauwerksabdichtung gegen von außen und innen angreifende Feuchte. Pfusch am Bau, Band 1, 4. überarbeitete und erweiterte Auflage, Fraunhofer IRB Verlag, Stuttgart 2011.

Ansorge D.: Planung und Bauüberwachung. Pfusch am Bau, Band 6. Fraunhofer IRB Verlag, Stuttgart 2008.

Bonk M., Anders F.: Fußbodenabdichtung von Loggien - Konstruktiv mangelhaft ausgebildete Abdichtungsanschlüsse, in: Bauschäden-Sammlung, Band 12, Zimmermann G. (Hrsg.), Fraunhofer IRB Verlag, Stuttgart 1999.

Borgmeier A., Braunreiter H.: Bautechnik für Fliesen-, Platten- und Mosaikleger. 2., aktualisierte Auflage, Vieweg+Teubner Verlag, Wiesbaden 2011.

DEKRA (Hrsg.): Zweiter DEKRA-Bericht zu Baumängeln an Wohngebäuden. Saarbrücken, 2008.

Deutscher Bundestag – Unterrichtung durch die Bundesregierung: Dritter Bericht über Schäden an Gebäuden, Berlin 1996.

Grasser G., Harry T.: Fußbodentechnik. Eine gewerkeübergreifende Kommentierung für die Praxis der Estrich-, Fliesen-, Platten- und Bodenleger. Bauverlag, Wiesbaden und Berlin, 1989.

Grunau E. B.: Abdichtung von Parkdecks, Balkonen und Terrassen. Instandsetzung und Unterhaltung. Expert Verlag, Renningen-Malmsheim, 1995.

Helmbrecht H., Pfeiffer M.: Bauschäden im Hoch- und Tiefbau, in: Band 2: Hochbau. Standardwerk zur Schadenserkennung und Schadensvermeidung, Institut für Bauforschung, Rizkallah V. (Hrsg.), Stuttgart: Fraunhofer IRB Verlag, 2009.

Kabrede H.-A.: Instandsetzen von Balkonen. Grundlagen – Schadensaufnahmen – Planung und Konzeption – Instandsetzung. Expert Verlag, Renningen-Malmsheim 2000.

Klindt L., Klindt E.: Abdichtung am und im Gebäude. Kein Ärger am Bau - Ein Ratgeber für Bauherren, Planer und Unternehmer. Fraunhofer IRB Verlag, Stuttgart 1999.

Neumann D., Weinbrenner U., Hestermann U., Rongen L.: Frick/Knöll Baukonstruktionslehre 1. 34., überarbeitete und aktualisierte Auflage, Teubner Verlag, Wiesbaden 2006.

Neumann D., Hestermann U., Rongen L.: Frick/Knöll Baukonstruktionslehre 2. 33., überarbeitete und aktualisierte Auflage, Vieweg+Teubner Verlag, Wiesbaden 2008.

Oswald, R.: Dachterrassen - Typische Schwachstellen und Streitpunkte. Schäden an Dächern. Ursachen, Bewertung und Sanierung, in: 42. Bausachverständigen-Tag im Rahmen der Frankfurter Bautage 2007. Tagungsband, Fraunhofer IRB Verlag, Stuttgart 2007.

Präkelt W. H., Öttl-Präkelt H., Leustenring E.: Balkone und Terrassen. Planen und Ausführen. 4., überarbeitete Auflage. Verlagsgesellschaft Rudolf Müller, Köln 2001.

Schild E., Oswald R., Rogier D.: Bauschäden im Wohnungsbau Teil II. Bauschäden an Dächern, Dachterrassen und Balkonen. Ergebnisse einer Umfrage unter Bausachverständigen. ILS Nordrhein-Westfalen (Hrsg.), Dortmund 1975.

Schulz J.: Balkon mit Feuchteschaden und Restrisiko - Abdichtung nur nach Stand der Technik Bauschadensfälle, Band 9, Zimmermann G. und Schuhmacher R. (Hrsg.), Fraunhofer IRB Verlag, Stuttgart 2007.

Schumacher R.: Schäden an Balkonen und Terrassen - Feuchtigkeitsschäden und verminderte Tragfähigkeit, in: Bauschadensfälle, Band 7, Günter Zimmermann und Schuhmacher R. (Hrsg.), Fraunhofer IRB Verlag, Stuttgart 2005.

Unger A.: Fussboden Atlas®. Fußböden richtig planen und ausführen. QUO-VADO AG. Donauwörth, 2000.

Vogdt F. U.; Bredemeyer J.: Abdichtung - Fachgerecht und sicher. Keller - Bad - Balkon - Flachdach. Fraunhofer IRB Verlag, Stuttgart 2012.

Wetzel H.: Abdichtungen im Verbund - Vor- und Nachteile. Erfahrungen aus der Praxis, Teil 1, in: Der Bausachverständige - Zeitschrift für Bauschäden, Grundstückswert und gutachterliche Tätigkeit. Stuttgart: Fraunhofer IRB Verlag; Köln: Bundesanzeiger Verlagsgesellschaft, 2012.

Internetquellen

- Fraunhofer IRB: https://www.irb.fraunhofer.de/
- SCHADIS® - Die Datenbank der Bauschäden: https://www.irb.fraunhofer.de/schadis/

Richtlinien, Normen und Vorschriften

- ATV DIN 18336: Abdichtungsarbeiten, 2010.
- ATV DIN 18338: Dachdeckungs- und Dachdichtungsarbeiten, 2010.
- DIN 18158: Bodenklinkerplatten, 1986.
- DIN 18195: Bauwerksabdichtungen, 2011.
- DIN 18352: Fliesen und Plattenarbeiten, 2012.
- DIN 18540: Abdichten von Außenwandfugen mit Fugendichtstoffen, 2014.
- DIN 18560: Estriche im Bauwesen, 2004 – 2009.
- DIN EN 12004: Mörtel und Klebstoffe für Fliesen und Platten – Anforderungen, Konformitätsbewertung, Klassifizierung und Bezeichnung, 2014.
- DIN EN 12808: Klebstoffe und Fugenmörtel für Fliesen und Platten, 2009.
- DIN EN 13888: Fugenmörtel für Fliesen und Platten – Anforderungen, Konformitätsbewertung, Klassifizierung und Bezeichnung, 2009.
- DIN EN 14411: Keramische Fliesen und Platten – Definitionen, Klassifizierung, Eigenschaften, Konformitätsbewertung und Kennzeichnung, 2012.
- DIN EN ISO 10545: Keramische Fliesen und Platten, 2015.
- DIN EN ISO 11600: Hochbau- Fugendichtstoffe – Einteilung und Anforderungen von Dichtungsmassen, 2011.
- Flachdachrichtlinien, in: Deutsches Dachdeckerhandwerk – Regeln für Abdichtungen, 2008.
- ZDB Merkblatt: Verbundabdichtungen – Hinweise für die Ausführung von flüssig zu verarbeitenden Verbundabdichtungen mit Bekleidungen und Belägen aus Fliesen und Platten für den Innen- und Außenbereich, 2012.
- ZDB Merkblatt: Außenbeläge: Belagskonstruktionen mit Fliesen und Platten außerhalb von Gebäuden, 2008.
- ZDB Merkblatt: Keramische Fliesen und Platten, Naturwerkstein und Betonwerkstein auf zementgebundenen Fußbodenkonstruktionen mit Dämmschicht, 2010.